上海市工程建设规范

道路工程弃土和泥浆现场固化与利用技术标准

Technical standard for solidifying waste soil and mud in construction site of road engineering

DG/TJ 08—2382—2021

J 15944—2021

主编单位:上海市城市建设设计研究总院(集团)有限公司

批准单位:上海市住房和城乡建设管理委员会

施行日期: 2022 年 1 月 1 日

同济大学出版社

2022 上海

图书在版编目(CIP)数据

道路工程弃土和泥浆现场固化与利用技术标准 / 上海市城市建设设计研究院总院(集团)有限公司主编. —上海：同济大学出版社，2022.6

ISBN 978-7-5765-0177-3

Ⅰ. ①道… Ⅱ. ①上… Ⅲ. ①道路工程－废物处理－地方标准－上海②道路工程－废物利用－地方标准－上海 Ⅳ. ①X799.1-65

中国版本图书馆 CIP 数据核字(2022)第 047507 号

道路工程弃土和泥浆现场固化与利用技术标准

上海市城市建设设计研究总院(集团)有限公司　主编

责任编辑　朱　勇
责任校对　徐春莲
封面设计　陈益平

出版发行　同济大学出版社　　www.tongjipress.com.cn
(地址：上海市四平路 1239 号　邮编：200092　电话：021－65985622)
经　　销　全国各地新华书店
印　　刷　浦江求真印务有限公司
开　　本　889mm×1194mm　1/32
印　　张　1.875
字　　数　50 000
版　　次　2022 年 6 月第 1 版
印　　次　2022 年 6 月第 1 次印刷
书　　号　ISBN 978-7-5765-0177-3
定　　价　20.00 元

上海市住房和城乡建设管理委员会文件

沪建标定〔2021〕543号

上海市住房和城乡建设管理委员会关于批准《道路工程弃土和泥浆现场固化与利用技术标准》为上海市工程建设规范的通知

各有关单位：

由上海市城市建设设计研究总院(集团)有限公司主编的《道路工程弃土和泥浆现场固化与利用技术标准》，经我委审核，现批准为上海市工程建设规范，统一编号为DG/TJ 08—2382—2021，自2022年1月1日起实施。

本规范由上海市住房和城乡建设管理委员会负责管理，上海市城市建设设计研究总院(集团)有限公司负责解释。

特此通知。

上海市住房和城乡建设管理委员会

二〇二一年八月二十日

前　言

根据上海市住房和城乡建设管理委员会《关于印发〈2018 年上海市工程建设规范、建筑标准设计编制计划〉的通知》(沪建标定〔2017〕898 号)的要求,由上海市城市建设设计研究总院(集团)有限公司会同有关单位开展本标准编制工作。编制组经深入调查研究,认真总结国内外科研成果和大量工程实践经验,在广泛征求意见的基础上,制定了本标准。

本标准的主要内容包括:总则;术语和符号;基本规定;固化材料与设备;配合比;固化设计;施工;质量检验与验收。

各单位及相关人员在实施本标准的过程中,如有意见或建议,请反馈至上海市交通委员会(地址:上海市世博村路 300 号 1 号楼;邮编:200125;E-mail:shjtbiaozhun@126.com),上海市城市建设设计研究总院(集团)有限公司(地址:上海市东方路 3447 号;邮编:200125;E-mail:wanglei@sucdri.com),上海市建筑建材业市场管理总站(地址:上海市小木桥路 683 号;邮编:200032;E-mail:shgcbz@163.com),以供修订时参考。

主 编 单 位:上海市城市建设设计研究总院(集团)有限公司

参 编 单 位:河海大学

上海公路投资建设发展有限公司

汇壹(上海)环境岩土科技有限公司

上海浦东工程建设管理有限公司

上海奉贤建设发展(集团)有限公司

主要起草人:王　磊　陈永辉　徐一峰　陈　龙　吴　展

陈　庚　黄建丹　孔纲强　冀振龙　刘经熠

周华东　杜传宝　徐宏跃　许　严　路贺伟

陈作雷　唐天华　周　魏

主要审查人：陈龙珠　姜荣泽　郭铜元　赵　杉　袁胜强
应　煜　郑晓光

上海市建筑建材业市场管理总站

目　次

Contents

1 总 则

1.0.1 为贯彻执行国家的技术经济环保政策，规范道路工程中弃土、泥浆现场固化与利用技术的应用，制定本标准。

1.0.2 本标准适用于本市新建、改扩建道路工程中的弃土、泥浆现场固化与利用的设计、施工和质量检验与验收。

1.0.3 道路工程弃土、泥浆现场固化与利用除应符合本标准的规定外，尚应符合国家、行业和本市现行有关标准的规定。

2 术语和符号

2.1 术 语

2.1.1 弃土 waste soil

由浜塘换填、沟槽开挖、路基开挖、基坑开挖、盾构掘进、顶管顶进等施工产生的淤泥或废弃渣土。

2.1.2 泥浆 waste mud

由钻孔灌注桩、盾构掘进、顶管顶进等施工产生的高含水率黏土悬浮液。

2.1.3 就地固化 in-situ solidification

将位于道路地基范围内的软土、弃土或泥浆与固化材料进行搅拌、闷料后，使其承载力、沉降变形、稳定性等技术指标达到地基处理要求，实现原位利用的技术。

2.1.4 集中拌合 centralized solidification

在道路路基范围外的某一区域内，将弃土、泥浆与固化材料进行集中拌合，经闷料形成拌合土。待拌合土的 CBR 值和压实度达到设计要求后，对其进行破除并运输至施工现场进行路基填筑；或为提高集中拌合区的使用效率，待拌合土的无侧限抗压强度满足可以运输的规定值后，对其进行破除并运输至施工现场继续闷料，直至拌合土的 CBR 值和压实度达到设计要求进行填筑，实现对弃土、泥浆予以利用的技术。

2.1.5 现场固化 construction site solidification

对软土地基、弃土、泥浆通过就地固化或集中拌合技术予以利用的统称。

2.1.6 就地固化硬壳层 in-situ solidification crust

经就地固化处理后形成的一层具有一定承载力和强度、其上可进行路基填筑的固结土。

2.1.7 就地固化硬壳层复合地基 composite foundation with in-situ solidification crust

由就地固化硬壳层与常规的桩土复合地基联合形成的一种复合地基。

2.1.8 强力搅拌固化技术 power mix solidification technique

采用强力搅拌头、挖掘机、固化剂供料设备、储料设备和控制系统组成的强力搅拌固化系统和固化剂对弃土、泥浆进行固化的技术。

2.1.9 外加土 additional soil

当固化对象含土量较低时，为了增加其土颗粒成分、增加固化土的骨架而添加一定比例的土。

2.2 符 号

2.2.1 抗力和材料性能

c_k——土的平均粘聚力；

f_{spk}——就地固化硬壳层复合地基承载力特征值；

q_{ui}——室内固化土体无侧限抗压强度；

q_{uo}——现场固化土体无侧限抗压强度；

R_a——单桩承载力特征值；

γ——固化土的重度；

γ_m——路基填土的重度；

φ_k——土的平均内摩擦角。

2.2.2 作用和作用效应

f_{sk}——就地固化硬壳层表面承载力(kPa)；

f'_{sk}——桩间土的承载力特征值；

p——就地固化硬壳层表面附加应力；

p_z——下卧层表面附加应力。

2.2.3 几何参数

A_p——桩的截面积；

b——路堤底面宽度；

d——路堤高度；

B——就地固化层宽度；

H——就地固化硬壳层处理厚度；

L——就地固化层长度；

θ——应力扩散角。

2.2.4 计算系数

M_b, M_d, M_c——承载力系数；

m——桩土面积置换率；

β——桩间土承载力折减系数；

η——强度折减系数；

s_1——固化层压缩变形量；

s_2——就地固化土下各土层压缩变形量。

3 基本规定

3.0.1 道路工程的弃土、泥浆现场固化与利用，应满足工程使用与环境保护要求，做好施工现场管理与工程质量控制。

3.0.2 固化软土地基、弃土、泥浆的方法主要有化学注浆法、水泥土搅拌法和强力搅拌固化法。化学注浆法、水泥土搅拌法应符合现行上海市工程建设规范《地基处理技术规范》DG/TJ 08—40 的相关规定。强力搅拌固化法应符合本标准的规定。

3.0.3 应根据道路等级、沉降控制要求、地基承载力要求、弃土和泥浆的工程性质、施工条件、环保要求与社会效益等进行技术经济比较，合理确定现场固化方案。

3.0.4 确定现场固化方案前应取得下列资料：

1 详细的岩土工程勘察资料。

2 拟处理区域和邻近区域的环境条件等调查资料。

3 软土地基、弃土、泥浆的物理力学性质指标。

3.0.5 用于现场固化的弃土、泥浆应符合下列规定：

1 最大粒径应小于 100 mm，且碎石、砖、钢筋体积含量低于 20%。

2 含水率小于 120%。

3 有机质含量小于 10%。

4 污染土不得使用。

3.0.6 固化材料及设备的选择应根据设计要求、施工条件与地质条件综合确定，并应符合国家有关环保、消防、安全等要求。

3.0.7 对弃土、泥浆采用现场固化，应进行配合比设计。

3.0.8 采用就地固化的软土地基、弃土、泥浆用于道路地基或路基时，应满足其对承载力、沉降变形和稳定性的要求；采用集中拌合的弃土、泥浆用于路基填筑时，应符合现行行业标准《公路路基设计规范》JTG D30、《城市道路路基设计规范》CJJ 194 对路基填料的相关规定。

3.0.9 应通过现场试验、质量检查、工序交接、固化材料的贮运及保管等进行施工质量控制，并应贯穿施工全过程。

3.0.10 应按要求做好施工记录和计量记录，施工、试验、检测、验收应做到原始记录齐全、数据准确和资料完整。

4 固化材料与设备

4.1 一般规定

4.1.1 固化材料应包括固化剂、外加剂、外加土和水。

4.1.2 固化材料的选用应符合下列要求：

1 宜就地取材、经济合理、符合环保要求。

2 固化剂、外加剂的类型应根据土质情况合理选择，技术性能指标应符合现行行业标准《土壤固化外加剂》CJ/T 486 的规定，实际施工应与室内试验或现场试验选用的固化剂或外加剂一致。

3 选用工业废料作为固化剂时，应提供其主要成分、析出特性等检测报告，不得采用对环境有污染的工业废料。

4 不应采用含有放射性物质的固化剂。

5 外加土应符合现行国家标准《土壤环境质量　建设用地土壤污染风险管控标准(试行)》GB 36600 的规定。

6 人和牲畜的饮用水或自来水或工程现场洁净的水均可使用，应符合现行行业标准《混凝土用水标准》JGJ 63 的规定。

4.1.3 应选择搅拌均匀性好、效率高、有固化剂用量的计量和存储功能的固化设备。

4.1.4 现场固化施工前应对选用的施工机械和设备进行调试，并对固化剂计量和存储系统的性能、计量精度等进行检查和标定。

4.2 固化材料

4.2.1 常用的无机固化剂包括水泥、粉煤灰、石灰和矿渣微粉等，应符合下列规定：

1 水泥强度等级不低于42.5级，并符合现行国家标准《通用硅酸盐水泥》GB 175中的要求。

2 粉煤灰应选用不低于国标二级，并符合现行国家标准《用于水泥和混凝土中的粉煤灰》GB/T 1596的要求。

3 石灰应选用粉状或块状，无杂质，氧化镁和氧化钙总量应不小于85%。

4 矿渣微粉等级不低于S95级，并符合现行国家标准《用于水泥、砂浆和混凝土中的粒化高炉矿渣粉》GB/T 18046的要求。

4.2.2 采用有机高分子类、有机无机复合类或离子类固化剂时，应符合现行行业标准《土壤固化外加剂》CJ/T 486、《土壤固化剂应用技术标准》CJJ/T 286的要求。

4.2.3 外加剂应符合下列规定：

1 外加剂的品种及类型应根据设计和施工要求选择，通过试验及技术经济比较后确定。

2 不得对人体产生危害、对环境产生污染。

4.2.4 外加土应符合下列规定：

1 土粒最大粒径不应大于100 mm。

2 土的有机质含量不应超过10%。

3 土的含水率不宜超过40%。

4 可根据固化剂类型通过室内配合比试验提出外加土的技术要求。

5 土的检测方法应符合现行行业标准《公路土工试验规程》JTG E40的规定。

4.3 设 备

4.3.1 现场固化设备应包括搅拌设备、供料系统、控制系统等。

4.3.2 现场固化设备应保证搅拌均匀，在搅拌过程中准确、实时添加固化材料。

4.3.3 应选择能适应各种场地、实现现场固化的专业设备，宜配备定位系统。

4.3.4 强力搅拌固化设备的供料系统应由固化剂计量配料系统和固化剂定量输料系统组成，并应符合下列规定：

1 浆剂设备压力不小于 3 MPa，粉剂设备压力不小于 0.8 MPa。

2 固化剂的喷料速率控制在 100 kg/min～200 kg/min（粉剂）和 80 kg/min～150 kg/min（浆剂）。

3 能进行多种固化剂按设定比例同时供料。

4 能控制固化剂出料量与出料时间，实时显示并记录已搅拌区域的用料量、水灰比，并能存储和打印供料数据。

4.3.5 对集中拌合土运至现场进行路基填筑的施工设备，应符合现行行业标准《公路路基施工技术规范》JTG/T 3610 的要求。

5 配合比

5.1 一般规定

5.1.1 配合比设计应确定下列内容：

1 固化材料品种和等级。

2 固化材料掺量。

3 采用粉体喷射搅拌法（干法）或水泥搅拌法（湿法）。

5.1.2 配合比设计应按下列步骤进行：

1 测定土样天然含水率、密度和有机质含量；当有特殊要求时，可增加土样其他相关性能的试验。

2 确定固化剂的种类、等级以及固化剂配合比基准值。

3 若采用水泥搅拌法（湿法）施工，应确定合适的水胶比。

4 掺入固化剂、外加剂进行固化土试配。

5 固化土性能试验。

6 调整和确定配合比。

5.1.3 就地固化土的室内配合比试验应以无侧限抗压强度作为目标控制指标；集中拌合土的室内配合比试验应以 CBR 值和压实度作为目标控制指标。试验操作应符合现行相应规范的规定。

5.2 配合比设计

5.2.1 配合比设计应符合下列规定：

1 应根据详勘资料并进行现场取样，通过室内配合比试验确定固化材料种类、掺量、固化土的粘聚力、内摩擦角、压缩模量等设计参数。

2 受试验条件限制时，可根据初勘地质资料、当地固化材料等，结合理论分析和相关工程经验等合理确定初步的固化材料和掺入量。

3 固化剂掺量按照固化剂质量与原状土干土质量或湿土质量的比例表示。

4 当遇到有机质含量较高的土需要固化处理时，应取代表性土样进行配比试验后选用合适的固化剂类型和掺量。

5.2.2 配合比试验应符合下列规定：

1 配合比试验至少应采用3个不同的配合比，其中一个配合比应为基准值，其余配合比在基准值的基础上分别递增和递减1%～2%。

2 配合比试验按照现行行业标准《水泥土配合比设计规程》JGJ/T 233进行。

3 根据设计要求和固化现场对周边水体等环境的影响程度，确定是否需要对固化土的浸出液进行pH值等污染物测试，具体测试方法应符合现行国家标准《危险废物鉴别标准 浸出毒性鉴别》GB 5085.3和现行行业标准《土壤pH值的测定》NY/T 1377的要求。

5.2.3 就地固化土的无侧限抗压强度试验应按照现行行业标准《公路土工试验规程》JTG E40进行。

5.2.4 集中拌合土应通过CBR试验和压实度试验确定合理的掺灰量、闷料时间以及达到可碾压状态的龄期等。CBR及压实度试验应按照现行行业标准《公路土工试验规程》JTG E40进行，其中压实度试验采用重型击实试验。

5.2.5 集中固化土可通过配合比试验进行不同龄期的无侧限抗压强度试验，确定可提前外运的闷料时间。

5.2.6 采用粉体喷射搅拌法（干法）时，水泥掺量可在水泥浆搅拌法（湿法）掺量的基础上减少1%。

5.2.7 采用水泥浆搅拌法（湿法）时，固化材料的水胶比可根据施工方法和处理目的，按设计要求或当地经验确定，也可取0.5～1.5。

5.3 配合比验证

5.3.1 现场固化前，应通过现场试搅、试拌对配合比进行验证、动态调整和优化。

5.3.2 就地固化应通过现场试验验证配合比设计，强度指标检测方法可选取十字板试验、静力触探、动力触探或荷载板试验等现场测试手段。

5.3.3 当试验结果不满足设计要求时，应调整配合比并重新进行试验，直至满足设计要求。

6 固化设计

6.1 一般规定

6.1.1 就地固化处理软土地基的形式应符合下列规定：

1 当软土底部距离原地表总厚度不超过 3 m 时，宜采用全部固化处理形式[图 6.1.1(a)]。

2 当软土底部距离原地表总厚度为 3 m～5 m 时，在满足路基沉降和承载力要求的条件下，可采用上部全部固化、下部格栅式[图 6.1.1(b)]或者点式[图 6.1.1(c)]部分固化的处理形式，即板体固化与格栅式或点式固化相结合的方式。

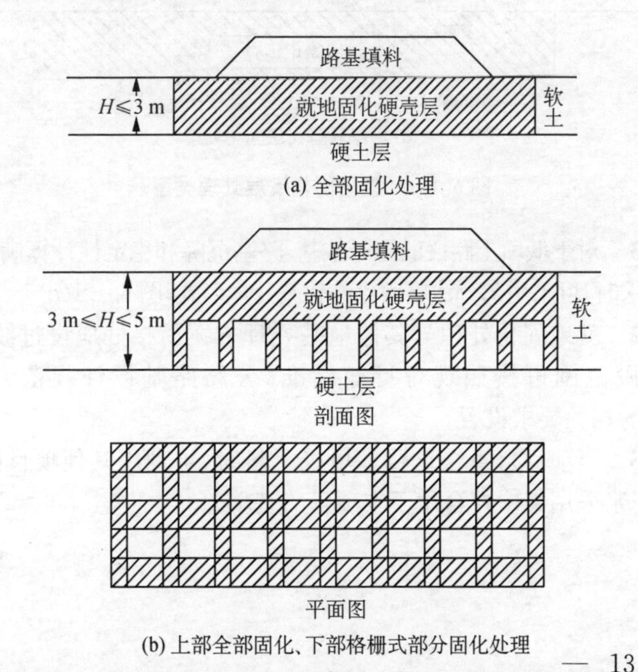

(a) 全部固化处理

(b) 上部全部固化、下部格栅式部分固化处理

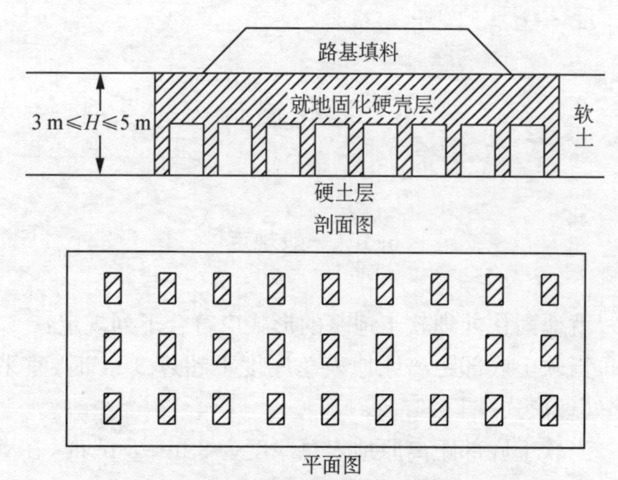

(c) 上部全部固化、下部点式部分固化处理

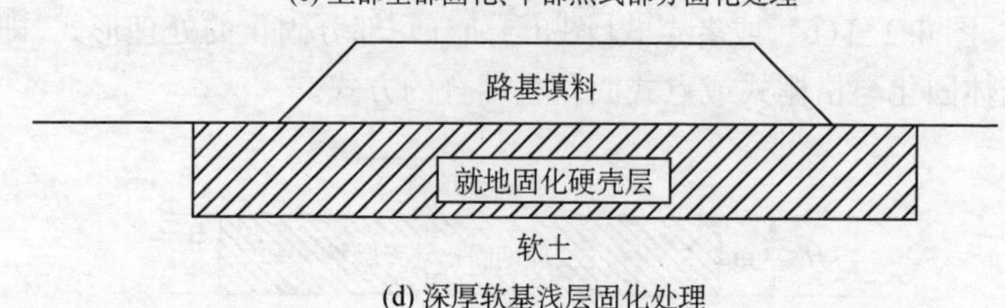

(d) 深厚软基浅层固化处理

图 6.1.1 就地固化浅层处理类型

3 对于低填土路段的深厚软基，路基沉降和稳定性计算满足设计要求时，可采用部分浅层固化的软基处理形式[图 6.1.1(d)]。

6.1.2 就地固化处理与其他地基处理方案衔接处应设过渡段，过渡段范围可按照现行行业标准《公路路基设计规范》JTG D30 的相关要求设置。

6.1.3 当项目自身缺乏路基填筑材料时，可利用其他项目的弃土、泥浆采用集中拌合用于本项目路基填筑。

6.2 就地固化

6.2.1 就地固化处理软土地基时,处理深度宜为 0.8 m～5.0 m,处理宽度宜为路堤坡脚外延伸 0.5 m～2.0 m,并考虑附加应力的扩散影响范围。

6.2.2 就地固化土体无侧限抗压强度的取值,可根据室内固化土试块无侧限抗压强度,按式(6.2.2)计算:

$$q_{uo}=\eta q_{ui} \tag{6.2.2}$$

式中:q_{uo}——固化土现场无侧限抗压强度(kPa);

q_{ui}——与现场固化土配比相同的室内固化土在标准养护条件下相同龄期的无侧限抗压强度(kPa);

η——强度折减系数(0.3～0.85)[具体取值主要与施工机械的搅拌均匀性有关,当采用搅拌均匀性较好的专业固化设备和工艺时(如强力搅拌固化技术),可取高值;反之,取低值]。

6.2.3 就地固化硬壳层的承载力值应取表面承载力和下卧层承载力决定的顶部荷载值中的较小值。

6.2.4 就地固化硬壳层表面承载力应由荷载试验确定;受试验条件限制时,可按式(6.2.4)计算。固化硬壳层单独作为一层土层考虑,采用固化土的强度指标计算。

$$f_{sk}=M_b\gamma b+M_d\gamma_m d+M_c c_k \tag{6.2.4}$$

式中: f_{sk}——就地固化硬壳层表面承载力(kPa);

M_b, M_d, M_c——承载力系数,为 φ_k 的函数,可按照表 6.2.4 确定;

γ——固化土的重度(kN/m^3),地下水位以下取浮重度;

γ_m——路堤土的重度(kN/m^3),地下水位以下取浮重度；

b——路堤底面宽度(m)［当 $b<3$ m时，取 $b=3$ m；但当 $b>6$ m时，只取 $b=6$ m］；

d——路堤高度(m)；

c_k，φ_k——基础下1倍短边宽度的深度范围内土的粘聚力加权标准值(kPa)。

表6.2.4 承载力系数 M_b，M_d，M_c 值

土的内摩擦角标准值 φ_k(°)	M_b	M_d	M_c
0	0	1.00	3.14
2	0.03	1.12	3.32
4	0.06	1.25	3.51
6	0.10	1.39	3.71
8	0.14	1.55	3.93
10	0.18	1.73	4.17
12	0.23	1.94	4.42
14	0.29	2.17	4.69
16	0.36	2.43	5.00
18	0.43	2.72	5.31
20	0.51	3.06	5.66
22	0.61	3.44	6.04
24	0.80	3.87	6.45
26	1.10	4.37	6.90
28	1.40	4.93	7.40
30	1.90	5.59	7.95
32	2.60	6.35	8.55
34	3.40	7.21	9.22
36	4.20	8.25	9.97
38	5.00	9.44	10.80
40	5.80	10.84	11.73

6.2.5 当就地固化硬壳层下部存在软土层时,应对固化硬壳层的下卧层承载力进行验算。下卧层表面附加应力的确定可依据应力扩散理论,按式(6.2.5-1)和式(6.2.5-2)计算;固化硬壳层的宽度应超过其顶部荷载扩散范围,受力简图如图 6.2.5 所示。当下卧层为软弱土,荷载较大,有可能发生冲剪破坏时,应进行冲剪破坏验算。

$$p_z = \frac{pBL}{(B + 2H\tan\theta)(L + 2H\tan\theta)} \tag{6.2.5-1}$$

当 $L/B \geqslant 10$ 时,上述公式可改写为

$$p_z = \frac{pB}{B + 2H\tan\theta} \tag{6.2.5-2}$$

式中:p_z——下卧层表面附加应力(kPa);

p——就地固化硬壳层表面附加应力(kPa);

B——就地固化硬壳层顶部荷载宽度(m);

L——就地固化硬壳层长度(m);

H——就地固化硬壳层处理厚度(m);

θ——应力扩散角(28°~45°)。

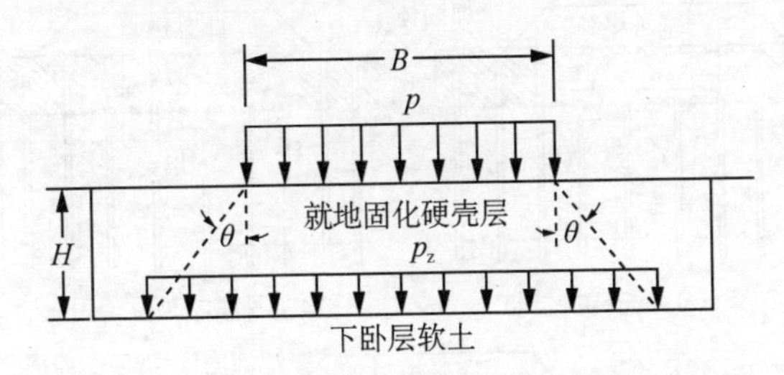

图 6.2.5 就地固化硬壳层下卧层附加应力计算简图

6.2.6 就地固化处理地基的沉降主要包括固化硬壳层压缩变形量 s_1 与固化硬壳层下各土层压缩变形量 s_2 之和。s_1 可根据固化土体的压缩模量进行计算;s_2 采用分层总和法计算,可按现行上海市工程建设规范《地基基础设计标准》DGJ 08—11 的规定计

算。s_2 的附加应力计算可按式(6.2.5)扩散后的荷载计算。

6.2.7 就地固化处理地基的路堤稳定性计算采用圆弧滑动法，可按现行上海市工程建设规范《道路路基设计规范》DG/TJ 08—2237 的规定计算。固化层应采用固化后土体强度等技术指标作为单一土层进行计算。

6.3 就地固化硬壳层复合地基

6.3.1 就地固化可与刚(柔)性桩地基处理相结合，其应用范围包括无硬壳层或硬壳层小于 1.5 m 的高填方深厚软基路段或桥头、横向通道、涵洞等构造物与路堤衔接部位。

6.3.2 选用就地固化硬壳层复合地基处理形式应符合下列要求：

1 就地固化硬壳层联合刚性桩复合地基时，桩帽顶面应与就地固化硬壳层顶面持平[图 6.3.2(a)]。

2 就地固化硬壳层联合柔性桩复合地基时，桩顶可位于就地固化硬壳层顶面[图 6.3.2(b)]，或位于就地固化硬壳层底面[图 6.3.2(c)]。

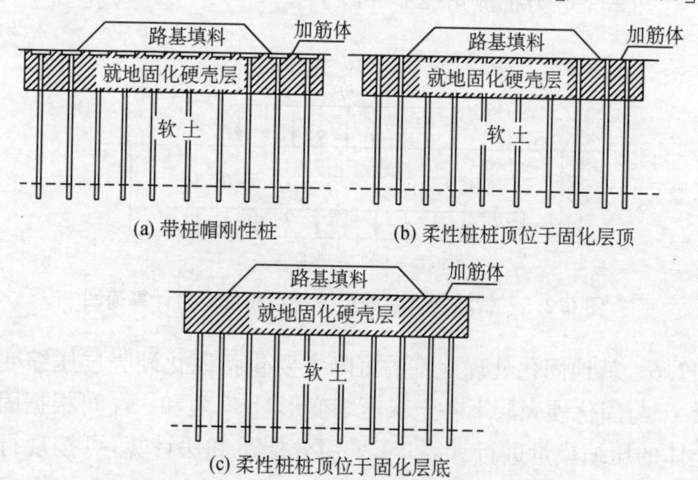

图 6.3.2 就地固化硬壳层复合地基常用结构形式

6.3.3 就地固化硬壳层复合地基应结合道路等级、软土层厚度及其指标、填土高度等情况，根据路基沉降和稳定控制标准，合理确定固化硬壳层的加固厚度、刚(柔)性桩类型。

6.3.4 桩体材料、桩体平面布置、桩长以及桩帽的设计应符合现行上海市工程建设规范《地基处理技术规范》DG/TJ 08—40 的相关规定，并合理考虑固化硬壳层的作用。

6.3.5 就地固化硬壳层复合地基的单桩承载力可按现行行业标准《建筑桩基技术规范》JGJ 94 进行计算。无工程经验时，固化硬壳层的极限侧摩阻力标准值可按照黏性土或粉土取值。

6.3.6 就地固化硬壳层复合地基的承载力特征值计算应符合下列规定：

1 当桩顶位于固化硬壳层顶部(图 6.3.6-1)时，刚性桩可不验算就地固化硬壳层复合地基承载力。柔性桩就地固化硬壳层复合地基承载力应按式(6.3.6)计算。

$$f_{spk}=m\frac{R_a}{A_p}+\beta(1-m)f'_{sk} \tag{6.3.6}$$

式中：f_{spk}——就地固化硬壳层复合地基承载力特征值(kPa)；

R_a——单桩承载力特征值(kN)；

A_p——桩的截面积(m^2)；

β——桩间土承载力折减系数[当桩端土未经修正的承载力特征值大于桩周土的承载力特征值的平均值时，可取 0.1～0.4，差值大时取低值；当桩端土未经修正的承载力特征值小于或等于桩周土的承载力特征值的平均值时，可取 0.5～0.9，差值大时或设置垫层时取高值]；

m——桩土面积置换率；

f'_{sk}——桩间土的承载力特征值(kPa)，可按照本标准第 6.2.3 条的规定确定。

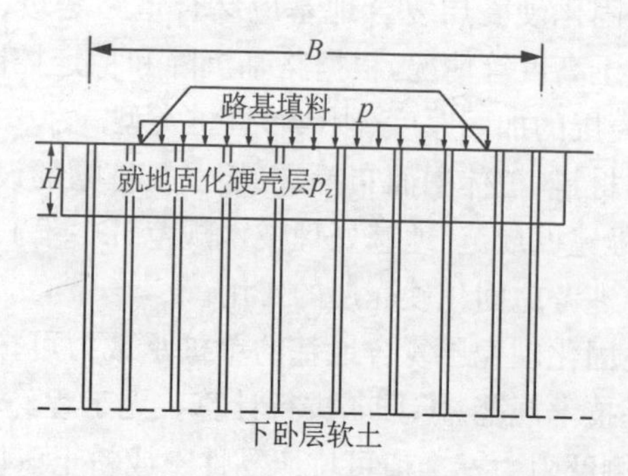

图 6.3.6-1　桩顶位于就地固化硬壳层顶部

2　当桩顶位于就地固化硬壳层底部(图 6.3.6-2)时,刚性桩可不验算复合地基承载力,柔性桩复合地基承载力可根据本标准第 6.2.5 条的要求,将下部桩土复合承载力作为 p_z,通过硬壳层荷载扩散效应反算得到上部复合地基承载力值 p。

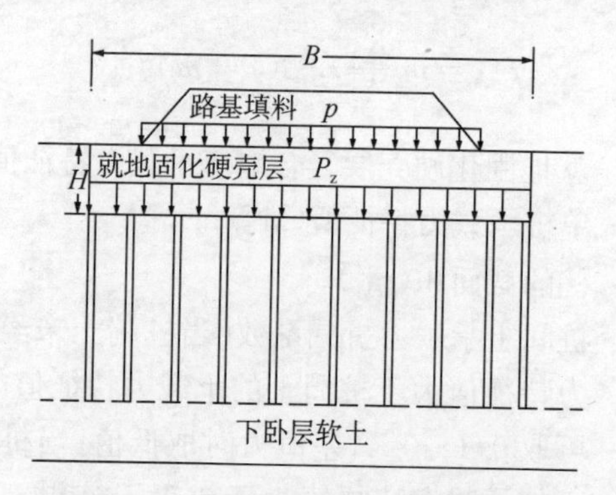

图 6.3.6-2　桩顶位于就地固化层底部

6.3.7　就地固化硬壳层复合地基沉降计算应符合下列规定:

1　当桩顶位于就地固化硬壳层顶部(图 6.3.6-1)时,就地固化硬壳层复合地基总沉降可按现行行业标准《公路软土地基路堤设计与施工技术细则》JTG/T D31—02 的规定计算,固化硬壳层采用固化后相应的指标。

2　当桩顶位于就地固化硬壳层底部(图 6.3.6-2)时,就地固化硬壳层复合地基总沉降可按照固化硬壳层压缩量及下部复合地基沉降之和进行计算。固化硬壳层压缩量可根据固化土体的压缩模量进行计算,复合地基沉降可按现行行业标准《公路软土地基路堤设计与施工技术细则》JTG/T D31—02 的规定计算。

6.3.8　就地固化硬壳层复合地基的路堤整体稳定性验算采用圆弧滑动法,可按现行上海市工程建设规范《道路路基设计规范》DG/TJ 08—2237 的规定计算,固化硬壳层采用固化后相应的指标。

6.4　集中拌合

6.4.1　用于路基填筑的集中拌合土应符合现行行业标准《公路路基设计规范》JTG D30、《城市道路路基设计规范》CJJ 194 中对于路基填料的有关要求。

6.4.2　对提前外运的集中拌合土,无侧限抗压强度应大于 50 kPa。

7 施 工

7.1 一般规定

7.1.1 现场固化施工应做好下列准备工作：

1 获得现场固化工程设计施工图。

2 熟悉施工场地环境，调查弃土、泥浆料源分布以及交通运输条件。

3 掌握主要施工机械及其配套设备的技术性能资料。

7.1.2 施工单位进场后，应结合工程特点，开展料场、设备场地等临时施工设施的建设，制定详细的施工组织设计。

7.1.3 就地固化正式施工前应选取具有代表性的区域开展现场试验，包括就地固化土体的强度和施工工艺试验等内容。应采用室内试验确定的推荐配合比进行现场试搅，通过十字板强度试验或静力触探等现场试验评价推荐配合比的实际加固效果，并对推荐配合比作必要的调整。试验区域不宜小于 30 m^2。

7.1.4 在环保要求较高的路段应采取合适的施工工艺和必要的环保措施。

7.1.5 就地固化硬壳层复合地基中刚（柔）性桩的施工要求应符合现行上海市工程建设规范《地基处理技术规范》DG/TJ 08—40 的相关要求。

7.2 就地固化施工

7.2.1 就地固化施工方法分为粉体喷射搅拌法（干法）施工和水泥浆搅拌法（湿法）施工，应根据土体情况、试验结果、施工条件以及对周围环境的影响等合理选用。

7.2.2 施工前，应在路基施工范围内进行排水、清除杂质等工作。

7.2.3 施工时，应严格控制喷粉(浆)时间和喷入量，不得中断喷粉(浆)；因故中断或喷粉(浆)不足时，应进行复搅。

7.2.4 就地固化搅拌设备在土体中提升或下降的速率应控制在0.1 m/s～0.3 m/s内，每个搅拌位置上、下搅拌次数不应小于2次。

7.2.5 采用强力搅拌就地固化施工时，应对固化区域进行分区，分区面积宜为25 m^2～30 m^2，常用分区尺寸为5 m×5 m或5 m×6 m，区块之间的复搅搭接宽度不应小于50 mm。

7.2.6 当就地固化区域较大、区域内不能满足搅拌设备行走要求时，可采用边固化边推进的固化形式，或借助于浮式设备行进。

7.3 就地固化硬壳层复合地基施工

7.3.1 就地固化联合柔性桩地基的施工应符合下列规定：

1 宜先进行就地固化，后施工柔性桩。

2 就地固化土闷料14 d或达到设计强度并满足桩机设备进场要求后，即可进行柔性桩施工。

3 当柔性桩为水泥搅拌桩时，水泥搅拌桩施工提浆标高应位于固化土层的顶面。

7.3.2 当就地固化联合水泥搅拌桩地基，且先施工水泥搅拌桩、后进行就地固化时，应符合下列规定：

1 水泥搅拌桩的提浆标高应位于原地面。

2 进行就地固化处理，当水泥搅拌桩处的强度过高无法进行搅拌时，需将此处进行翻松，然后进行就地固化处理。

7.3.3 就地固化联合刚性桩地基的施工应符合下列规定：

1 宜先进行固化处理，后施工刚性桩。

2 就地固化土强度达到设计强度并满足刚性桩施工承载力要求时，即可进行刚性桩施工。

3 桩帽顶面应与就地固化层顶面持平。

7.3.4 当就地固化联合刚性桩地基先施工刚性桩、后进行现场固化时，应符合下列规定：

1 刚性桩为预制桩时，预制桩打设前应采用钢板或混凝土等对桩顶进行封闭，打设至固化层设计标高下 5 cm～20 cm。

2 进行就地固化时，可在桩顶部 5 cm～20 cm 以外的距离进行搅拌固化。

7.4 集中拌合施工

7.4.1 若弃土泥浆含水率过高，应采用相应的降水措施，将含水率降低至合理的范围。

7.4.2 集中拌合的搅拌施工应符合本标准第 7.2 节的规定，拌合后的闷料过程中应做好排水及遮盖措施。

7.4.3 当集中拌合土的 CBR 试验和压实度试验结果符合设计要求后，方可对集中拌合土进行破除，运至路基施工现场作为填料进行路基填筑。

7.4.4 当集中拌合土的无侧限抗压强度大于 50 kPa 时，可对集中拌合土进行挖出，运至路基施工现场继续闷料，直至拌合土的 CBR 值和压实度达到设计要求进行填筑。

7.4.5 集中拌合土在外运过程中不应对环境产生影响。

7.4.6 集中拌合土作为路基填料进行填筑时，可依据现行行业标准《公路路基施工技术规范》JTG/T 3610 进行。

7.4.7 集中固化土破除后在路基施工现场碾压时的含水率不应超过其最优含水量的±2%。

8 质量检验与验收

8.1 质量检验

8.1.1 现场使用的固化材料,其检验项目应符合表 8.1.1 的规定。

表 8.1.1 原材料检验项目

项目		检测频度	质量要求或允许误差	试验方法
固化剂	细度（粉体状）	每批次 2 个样品	不大于 15%	《水泥细度检验方法筛析法》GB/T 1345
	固体含量（液体状）	每批次 2 个样品	符合设计要求	《混凝土外加剂匀质性试验方法》GB/T 8077
	化学成分	必要时	符合设计要求	化学成分分析

8.1.2 各路段就地固化处理完成后,均应进行质量检验,合格后方可进入下一路段施工。经检验不合格的,应进行翻修,直至满足合格要求。

8.1.3 就地固化施工实测项目质量检验应符合表 8.1.3 的规定。

8.1.4 就地固化硬壳层复合地基施工的固化硬壳层质量检验应符合表 8.1.3 的规定。

8.1.5 集中拌合土作道路填料应满足现行行业标准《公路路基设计规范》JTG D30 的相关要求。

表 8.1.3　就地固化处理实测项目

<table>
<tr><th>项次</th><th colspan="2">检查项目</th><th colspan="2">规定值或允许偏差</th><th>检测方法</th><th>频率</th></tr>
<tr><td rowspan="2">1</td><td colspan="2" rowspan="2">就地固化层厚度(mm)</td><td>厚度大于 3 m</td><td>±200</td><td rowspan="2">静力触探</td><td rowspan="7">单个区域检测点不少于 1 处;每 10 000 m^2 检测点不少于 3 处</td></tr>
<tr><td>厚度不大于 3 m</td><td>±100</td></tr>
<tr><td>2</td><td colspan="2">就地固化层宽度(mm)</td><td colspan="2">±100</td><td>米尺测量</td></tr>
<tr><td rowspan="4">3△</td><td rowspan="4">强度(选用一种)</td><td>不排水抗剪强度(kPa)</td><td colspan="2" rowspan="4">不小于设计要求</td><td>十字板剪切试验</td></tr>
<tr><td>静力触探锥尖阻力(MPa)</td><td>静力触探试验</td></tr>
<tr><td>标准贯入击数</td><td>标准贯入试验</td></tr>
<tr><td>轻型或重型动力触探击数</td><td>轻型或重型动力触探试验</td></tr>
<tr><td>4</td><td colspan="2">固体剂掺量(%)</td><td colspan="2">设计值的±0.5</td><td>检查施工记录</td><td></td></tr>
<tr><td>5△</td><td colspan="2">承载力(kPa)</td><td colspan="2">不小于设计要求</td><td>荷载板试验</td><td>每 20 000 m^2 检测点不少于 1 处</td></tr>
</table>

注:1　以“△”标识的实测项目为关键项目或主控项目,其余为一般项目。
2　同一项次内可选用一种检测方法进行质量检验。
3　对于面积较少的浜溏地区,可酌情减少监测点布置数量。

8.2　公路工程质量验收

8.2.1　现场固化工程应符合下列规定:

1　分项工程应按基本要求、实测项目、外观质量和质量保证资料等检验项目逐项检查,经检查不符合规定时,不得进行工程质量的检验评定。

2　分项工程所用的各种原材料的品种、规格、质量及混合料配合比和半成品、成品应符合有关技术标准规定并满足设计要求。

8.2.2 现场固化工程应有真实、准确、齐全、完整的施工原始记录、试验检测数据、质量检验结果等质量保证资料。质量保证资料应包括下列内容:

1 固化剂配合比、拌合加工控制检验和试验数据。

2 所用固化剂原材料和成品质量检验结果。

3 地基处理施工记录。

4 质量控制指标的试验记录和质量检验汇总图表。

5 施工过程中遇到的非正常情况记录及其对工程质量影响分析评价资料。

6 施工过程中如发生质量事故,经处理补救后达到设计要求的认可证明文件等。

8.2.3 现场固化工程实测项目检验应符合下列规定:

1 对检查项目按本标准第8.1节中规定的检查方法和频率进行随机抽样检验并计算合格率。

2 本标准规定的检查方法为标准方法,采用其他检查方法时应经比对确认。

3 应按式(8.2.3)计算检查项目合格率:

$$\text{检查项目合格率}(\%)=\frac{\text{合格的点(组)数}}{\text{该检查项目的全部检查点(组)数}}\times 100 \tag{8.2.3}$$

8.2.4 现场固化工程检查项目合格判定应符合下列规定:

1 关键项目的合格率不应低于95%,否则该检查项目为不合格。

2 一般项目的合格率不应低于80%,否则该检查项目为不合格。

3 有规定极值的检查项目,任一单个检测值不应突破规定极值,否则该检查项目为不合格。

8.2.5 刚(柔)性桩实测项目的质量检验应符合现行行业标准

《公路工程质量检验评定标准　第一册　土建工程》JTG F80/1 的相关规定。

8.2.6　固化土路基实测项目的质量检验应符合现行行业标准《公路工程质量检验评定标准　第一册　土建工程》JTG F80/1 中土方路基的相关规定。

8.3　城市道路工程质量验收

8.3.1　现场固化工程施工中应按下列规定进行施工质量控制，并应进行过程检验、验收：

1　采用的主要材料、半成品、成品、构配件、器具和设备应按相关专业质量标准进行进场检验和使用前复验。现场验收和复验结果应经监理工程师检查认可。凡涉及结构安全和使用功能的，监理工程师应按规定进行平行检测或见证取样检测，并确认合格。

2　各分项工程应按本标准进行质量控制，各分项工程完成后应进行自检、交接检验，并形成文件，经监理工程师检查签认后，方可进行下个分项工程施工。

8.3.2　现场固化工程质量应按本标准第 8.1 节中的检验方法对主控项目和一般项目进行验收，检验批合格质量应符合下列规定：

1　主控项目的质量应经抽样检验合格。

2　一般项目的质量应经抽样检验合格，当采用计数检验时，除有专门要求外，一般项目的合格率不应低于 80%，且不合格点的最大偏差值不得大于本标准第 8.1 节中规定的允许偏差值的 1.5 倍。

3　具有完整的施工原始资料和质量检查记录。

8.3.3　现场固化工程质量验收合格应符合下列规定：

1　分项工程所含检验批均应符合合格质量的规定。

2　分项工程所含检验批的质量验收记录应完整。

8.3.4　固化土路基实测项目的质量检验应符合现行行业标准《城镇道路工程施工与质量验收规范》CJJ 1 中土方路基的相关规定。

本标准用词说明

1 本标准要求严格程度的用词，采用下列写法：

1）表示很严格，非这样做不可的用词：

正面词采用“必须”；

反面词采用“严禁”。

2）表示严格，在正常情况下均应这样做的用词：

正面词采用“应”；

反面词采用“不应”或“不得”。

3）表示允许稍有选择，在条件许可时首先应这样做的用词：

正面词采用“宜”；

反面词采用“不宜”。

4）表示有选择，在一定条件下可以这样做的用词，采用“可”。

2 条文中指明应按其他有关标准执行的写法为：“应符合……的有关规定”或“应按……有关规定执行”。

引用标准名录

1 《通用硅酸盐水泥》GB 175
2 《水泥细度检验方法　筛析法》GB/T 1345
3 《用于水泥和混凝土中的粉煤灰》GB/T 1596
4 《危险废物鉴别标准　浸出毒性鉴别》GB 5085.3
5 《混凝土外加剂匀质性试验方法》GB/T 8077
6 《用于水泥、砂浆和混凝土中的粒化高炉矿渣粉》GB/T 18046
7 《土壤环境质量 建设用地土壤污染风险管控标准(试行)》GB 36600
8 《土壤 pH 值的测定》NY/T 1377
9 《公路路基设计规范》JTG D30
10 《公路软土地基路堤设计与施工技术细则》JTG/T D31—02
11 《公路土工试验规程》JTG E40
12 《公路工程质量检验评定标准　第一册　土建工程》JTG F80/1
13 《混凝土用水标准》JGJ 63
14 《建筑桩基技术规范》JGJ 94
15 《水泥土配合比设计规程》JGJ/T 233
16 《公路路基施工技术规范》JTG/T 3610
17 《城镇道路工程施工与质量验收规范》CJJ 1
18 《城市道路路基设计规范》CJJ 194
19 《土壤固化剂应用技术标准》CJJ/T 286
20 《土壤固化外加剂》CJ/T 486
21 《地基基础设计标准》DGJ 08—11
22 《地基处理技术规范》DG/TJ 08—40
23 《道路路基设计规范》DG/TJ 08—2237

上海市工程建设规范

道路工程弃土和泥浆现场固化与利用技术标准

DG/TJ 08—2382—2021

J 15944—2021

条 文 说 明

2022　上海

目　次

Contents

2 术语和符号

2.1 术 语

2.1.3 就地固化具体的适用范围如下：

(1) 浅层软弱土底部至原地表总厚度小于 5 m 的路段；

(2) 明、暗浜等需清淤换填的不良地质路段；

(3) 泥浆池、沼泽地、滩涂或围海造路吹填土等无硬壳层路段；

(4) 深厚软土低路堤路段；

(5) 地基强度不满足路基路面结构层要求和结构物基础承载力要求的浅层软弱土处治路段；

(6) 当地基处理施工机械行走困难时，也可考虑先采用浅层固化处理形成硬壳层，为施工提供条件。

2.1.7 针对无覆盖层或覆盖层较薄的高填方深厚软基路段及桥梁等构造物与路堤衔接过渡段，将就地固化硬壳层作为永久受力结构，与桩共同承受上部荷载。

3 基本规定

3.0.2 对原需要清淤换填的弃土进行固化处理，实现了弃土的就地利用，减少了弃土的产生。

开挖弃土、经排水后的泥浆等也可以填在浜塘等低洼处，一般不超过原地面标高，然后将其与浜塘的淤泥一起进行就地固化后，作为地基进行弃土利用。

当工程中存在废弃土体，并需要购置路基填筑材料时，考虑节约资源、保护环境等目的，应对常规路基填筑材料购置、废弃土处理等的综合处置与集中拌合土作路基填料进行技术经济比较。当技术经济指标接近时，在满足路基强度等指标的前提下，尽可能选择现场固化技术。

3.0.5 根据工程实践，对现场固化的弃土、泥浆提出了基本要求：

1 当粗颗粒含量或根茎、碎石、砖、钢筋等含量较高，对固化搅拌设备影响较大或不能正常施工时，应先进行筛分或破碎处理，或采用特殊的粗颗粒固化设备和方法。本标准不涉及粗颗粒土的固化。

2 未经沥水的泥浆一般含水率很高，可能达到300%左右，直接进行化学固化不经济，一般尽可能地先进行自然沉淀排水或强制排水等措施降低含水率后进行固化利用。

泥浆沉淀排水后的应用实例：①绍兴钱滨线公路工程泥浆池路段泥浆沉淀后含水率为90%，就地固化后作为地基使用；②杭州湾大桥北接线二期工程泥浆沉淀后含水率90%；③嘉兴桐乡至莲都公路钻孔桩施工泥浆利用含水率90%～110%。

4 固化材料与设备

4.1 一般规定

4.1.2 工业废料的析出特性试验方法可按照《工业固废弃物有害物特性试验与监测分析方法》(李国刚,化学工业出版社,2003)进行。

4.2 固化材料

4.2.1，4.2.2 固化剂按化学成分可分为无机固化剂、有机固化剂及复合固化剂。

工程中常用的无机固化剂有水泥、粉煤灰、石灰和矿渣微粉等,适用于无特殊要求常规软弱土的加固处理。

常用的有机固化剂有高聚类离子固化剂、有机酶蛋白固化剂、酸基化合物固化剂等。除特殊要求外,不宜单独使用有机高分子类固化材料对软弱土进行加固处治。一般,针对特殊土体或具有特殊要求时,与无机固化剂组成复合固化剂使用。

常用的有机无机复合类固化剂包括“水泥类+有机类”稳定剂等,宜适用于腐殖质或有机质土等特殊要求的软弱土的加固处治。

固化剂类型可分为液体状和固体粉状两类。液体土壤固化剂的固体含量不得大于3%,没有沉淀或絮状现象。粉状土壤固化剂细度为0.074 mm标准筛筛余量不得超过15%;粉剂固化剂使用时,应注意扬尘问题。

采用成品的固化剂产品时,除了满足本标准规定的要求之外，工程应用前应做室内和现场配比试验，以确定其适用性。

4.2.3 外加剂主要是针对不同环境和要求，按一定比例与主固化剂一同掺入，起促进或抑制作用的材料，如普通减水剂、高效减水剂、聚羧酸系高性能减水剂、早强剂、稳定剂、泵送剂，可按照现行国家标准《混凝土外加剂应用技术规范》GB 50119 实施。

普通减水剂包含木质素磺酸钙、木质素磺酸钠、木质素磺酸镁等。高效减水剂包含萘和萘的同系磺化物和甲醛缩合的盐类、氨基磺酸盐等多环芳香族磺酸盐类；磺化三聚氰胺树脂等水溶性树脂磺酸盐类；脂肪族羟烷基磺酸盐高缩聚合物等脂肪族类。

当腐殖质或有机质含量较高，影响无机固化材料胶凝或需早强固化处理时，常添加稳定剂、早强剂等外加剂。早强剂包含硫酸盐、硫酸复盐、硝酸盐、碳酸盐、亚硝酸盐、氯盐、硫氰酸盐等无机盐类，三乙醇胺、甲酸盐、乙酸盐、丙酸盐等有机化合物类。

4.3 设 备

4.3.1 软土现场固化设备目前主要采用的是强力搅拌固化系统，它主要有四部分组成：强力搅拌头、固化剂用量控制系统、固化剂压力给料系统和配套挖机，如图 1 所示。采用该设备进行的现场固化技术也称强力搅拌固化技术。

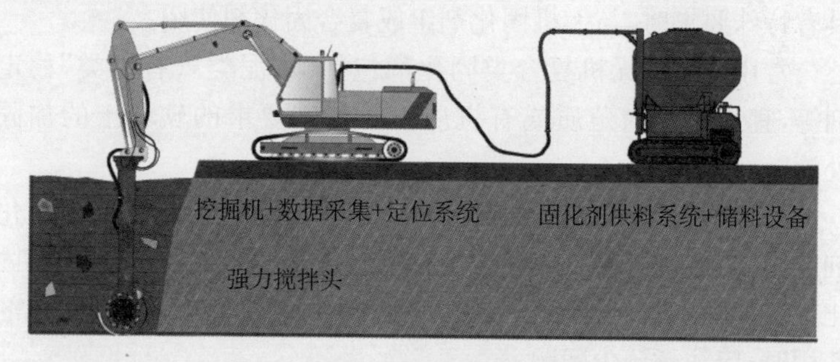

图 1 强力搅拌固化系统示意

强力搅拌头为 2 个安装有搅拌叶片的搅拌头按合理的角度对称分布在连接杆和喷嘴的两侧，通过挖掘机液压系统驱动，实现三维搅拌，保证搅拌的均匀性；转动方向横向转动，搅拌头转速在 50 r/min～120 r/min，单次搅拌形状在平面上为矩形而非圆形，搅拌头连接杆的悬臂长度一般在 3 m～7 m（特殊深度情况下，可加长悬臂），搅拌头尺寸（平面投影尺寸：宽×高）常用的有 1.6 m×0.87 m 和 1.4 m×0.8 m 的常规设备，以及 1.0 m×0.6 m 左右的小型设备。当设计固化深度小于 1.2 m 时，宜选用搅拌头高度不超过 0.8 m 的设备。

挖掘机用于提供搅拌头搅拌与移动时的动力，根据所选用的强力搅拌头本身的大小来适配挖机动力，保证搅拌头的液压驱动力和搅拌的稳定性，与常规搅拌头相匹配的常用挖机型号主要有 250 和 300*。

后台供料系统应可实现多种固化剂的同时供料。自动定量供料系统一般安装于后台供料系统中，应能控制固化剂出料量与出料时间、实时显示并记录打设区域的用料量，保证每次搅拌区间和整个区块的固化剂用量，数据可存储和打印；并可进行远程操作，可达到固化剂喷料的自动化和智能化，避免人为造成的资源浪费。

集中拌合设备专业设备类型较多，如各种水泥土的拌合设备等，一般包含筛分、拌合、进出料等功能。国内路拌设备一般是含水率较低的土体在道路上拌合灰土作灰土路基时采用。日本的 STB 设备类似于路拌机，也是在路基上直接拌合土，但拌合深度深，一次性拌合可达 90 cm 以上。

集中拌合也可采用强力搅拌固化系统。

---

* 注：挖机 250 指 25 吨级的重量，斗容量在 1.2 m^3 左右的挖机类型；300 指 30 吨级重量，斗容量在 1.6 m^3 的挖机类型。

5 配合比

5.1 一般规定

5.1.3 配合比设计时，应考虑现场施工与室内试验在拌合等方面的差异性影响。就地固化土主要应以承载力进行控制，但是在室内配合比阶段的强度主要通过无侧限抗压强度表现。固化土的无侧限抗压强度与地基承载力存在一定的对应关系，无经验地区可按照现行上海市工程建设规范《岩土工程勘察规范》DGJ 08—37 中的一般黏性土进行取值。

5.2 配合比设计

5.2.1 受试验条件限制时，可根据本地类似工程经验确定配比或参照本标准条文说明中表 1 初步确定配合比。

有机质含量较高的土配合比比较复杂，建议取代表性土样根据设计指标要求进行室内配比试验。有机质含量较高的软土固化工程参考实例：①广东潮汕环线部分鱼塘路段有机质含量为 12%，采用了普通的水泥和粉煤灰，处理效果显著。②绍兴印染污泥含水率 500%～700%，pH 值为 8 左右，也是采用就地固化方法解决，固化剂用的是水泥、矿渣微粉、黏土和稳定剂。国外芬兰、俄罗斯等也有较多的泥炭土固化的案例。

5.2.2 固化土的养护方法可按照现行行业标准《水泥土配合比设计规程》JGJ/T 233 中水泥土的养护方式进行。有关固化土的黏聚力、内摩擦角、压缩模量等设计计算参数可按照现行行业标准《水泥土配合比设计规程》JGJ/T 233 试验获得。

固化土采用90 d龄期的强度作为标准强度是合理的，但是在实际施工中，龄期长会给室内试验和现场检测带来困难。解决方法之一是建立强度增长规律关系式，根据短龄期（7 d、14 d和28 d）的试验、检测数据，按强度增长规律推测90 d的强度。现行行业标准《建筑地基处理技术规范》JGJ 79—2012中有相关水泥土的强度随龄期的增长而增大的经验关系。第二种方法是采用高温快速养生，高温养生90 h相当于标准养生90 d的强度值。因此为节省工程投资，可根据项目实际要求，提出固化土7 d、14 d或28 d无侧限抗压强度等针对性的施工和质量检测控制指标。

5.2.4 集中拌合土土性与原状土相比发生变化，其含水率、压实度等特性指标应采用拌合土的指标。路基填料需满足相应路基规范中规定的CBR、回弹模量和压实特性等要求。上路床等区域对于CBR和压实度要求较高，当集中拌合土不能满足填筑要求时可采用二次掺灰等方式进行配合比。

5.2.6 采用水泥浆搅拌法（湿法）施工时，固化剂的种类和配合比基准值可按参考表1进行选取。若固化对象为有机质含量较高的有机质土，宜添加石灰，或将参考表格中水泥改为石灰等固化剂，或添加适当比例有机固化剂。当无地方经验时，可参考表1进行固化剂的掺入。

表1 固化剂掺入量参考一览表

28 d无侧限抗压强度（kPa）	原状土含水率									
	50%		60%		70%		50%		90%	
	固化剂掺入量百分比(%)									
	水泥	其他固化剂	水泥	其他固化剂	水泥	其他固化剂	水泥	其他固化剂	水泥	其他固化剂
50	3	2～3	4	1～2	4	3～5	5	1～3	6	1～2
80	3	2～3	5	0～1	5	1～3	6	1～3	7	0～1
100	3	3～4	5	1～2	5	3～5	6	3～5	7	1～4

续表1

28 d无侧限抗压强度(kPa)	原状土含水率									
	50%		60%		70%		50%		90%	
	固化剂掺入量百分比(%)									
	水泥	其他固化剂	水泥	其他固化剂	水泥	其他固化剂	水泥	其他固化剂	水泥	其他固化剂
130	4	0~2	5	3~4	6	0~2	7	0~1	7	4~5
160	4	2~4	6	0~2	6	2~3	7	2~3	8	0~2
200	5	5~6	6	2~4	7	4~6	8	4~6	8	3~4
250	6	2~4	7	5~6	7	4~6	9	2~3	9	0~2
300	7	5~6	8	2~4	8	2~3	9	4~6	9	5~6

表1中固化剂的掺入量按照土体湿密度(常取17 kN/m^3)进行取值。固化剂掺入百分比=固化剂质量/原状湿土质量;水灰比取0.55~1.20,具体选用需结合现场实际情况。表1中为不同含水率、不同设计强度时固化剂掺入量的参考估算值,实际应用中,当土体含水率等土的性质情况发生变化时,掺量和固化剂的种类也应按设计要求或现场试验情况进行调整。采用干法施工,水泥以粉状形式掺入时,水泥掺入量在表1的基础上减少1%。对于含水率小于50%的土,为满足拌和均匀,建议采用浆剂并按照含水率为50%的土的配比进行,并考虑增大其水灰比。若处理土为有机质含量较高的有机质土,则需考虑添加石灰,或将水泥改为石灰等固化剂,或添加部分有机固化剂,具体掺量根据试验确定。根据经验,现场无侧限抗压强度达到300 kPa时,可初步满足作路基填料使用的强度要求。

当含水量超过表中值时,可根据实际情况增加添加量或者采用其他排水方式先进行初步排水。

5.2.7 湿法施工指固化材料预先与水混合,固化剂为浆液的形式;水胶比的选择应保证固化剂浆液的可喷性和拌合的均匀性以及流动性要求。湿法施工能够解决扬尘问题,提高环保性。

6 固化设计

6.2 就地固化

6.2.2 强度折减系数与施工机械、施工工艺、固化剂形式、土样的室内外的差别等因素有关。如就地固化法，当采用常用的强力搅拌技术时，其均匀性较好，一般可取0.5～0.85，具体案例：①在浙江玉环泥浆池处理工程中，28 d现场强度与室内强度的比值在0.5～1.2，平均值为0.81。②在浙江温州围海工程吹填土就地固化试验工程中，现场强度与室内强度比值在0.62～0.75。

6.2.4 固化层的c，φ值与固化剂掺量、土体掺量有关，一般根据不同的设计阶段，可根据现场试验强度或室内配比试验强度考虑折减系数后取值。

固化土的粘聚力取值范围为0 kPa～200 kPa，内摩擦角为0°～40°。当固化剂掺量较低时取低值，掺量较高时取高值。上限200 kPa并不是一个固定值，当掺量过高时可通过试验取值。罗祺的《水泥基外掺剂固化南沙有机质软土工程性质研究》中淤泥固化土的粘聚力和内摩擦角最大为391.59 kPa和39.6°。徐桂平，史迎春等的《淤泥固化土力学性质试验》中淤泥固化土的粘聚力和内摩擦角为36.84 kPa和35.27°。

6.2.5 应力扩散角的大小与就地固化硬壳层和下卧层的强度比值大小有关，比值越大可取较大值，反之取小值。

6.2.6 固化土的压缩模量需根据压缩试验结果进行取值，当无实验数据和地方经验时，可按照现行上海市工程建设规范《岩土工程勘察规范》DGJ 08—37中压缩模量与原位测试成果换算结果进行选用。

固化土压缩模量范围 5 MPa～50 MPa，当固化剂掺量较低时取低值，掺量较高时取高值。上限 50 MPa 并不是一个固定值，当掺量过高时，可通过试验取值。查阅相关文献，《疏浚土固化前后的压缩模量及微观结构变化的定量研究》(崔勇涛等. 科学技术与工程，2016)中固化剂掺量为 1.5%，30 d 龄期疏浚土固化后的强度可由 10.1 MPa 提高到 29.1 MPa；《淤泥固化土力学性质试验研究》(徐桂平，史迎春. 港工技术，2016)测得变形模量值可达 295.3 MPa。

6.3 就地固化硬壳层复合地基

6.3.1 采用该种形式需要满足路基沉降和稳定性要求。

6.3.2 就地固化硬壳层联合柔性桩复合地基代替传统垫层时，土工格栅等加筋材料仍需采用。

6.3.6 桩间土的表面承载力可由荷载试验或其他原位测试、公式计算，并结合工程实践经验等方法综合确定。

6.3.7 根据现行行业标准《公路软土地基路堤设计与施工技术细则》JTG/T D31—02，柔性桩需进行复合地基加固区的沉降和加固区下卧层的沉降计算；刚性桩沉降计算过程中可不考虑桩间土压缩变形对沉降的影响，采用单向压缩分层总和法计算桩端以下土层的最终沉降。

7 施 工

7.2 就地固化施工

7.2.1～7.2.5 弃土、泥浆现场固化的施工工艺流程如图所示，具体步骤见图 2 所示。

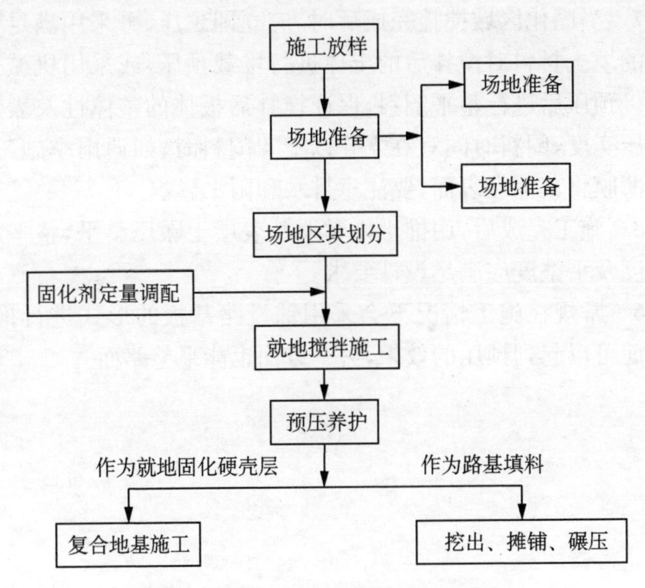

图 2 弃土、泥浆就地固化施工工艺

1 按照设计要求进行现场施工放样。

2 清除表面杂草等杂质。对于穿过池塘、虾塘等大面积水塘时，如若需要，在道路建设范围内设置临时围堰，与外部隔离，在围堰内进行处理。

3 按照设计固化层顶标高进行软土回填整平。

4 对固化区域进行分块，区块大小一般为 10 m^2～30 m^2，常规的划分尺寸为 5 m×5 m 或 5 m×6 m 左右的处理区域。

5 施工方法分干法施工和湿法施工。根据处理段落的软土工程量计算固化剂用量配合比，采用固化剂自动定量供料系统设置固化剂喷料速率及每区块的固化剂用量。同时，实时记录固化剂用量清单。

6 采用固化设备对原位土进行现场拌合，将固化剂与原位土逐步搅拌到地基处理深度，搅拌应均匀。

7 当固化区域搅拌完成后时，应立即预压，可采用满足设计要求的填土材料对搅拌后的土体进行堆载预压，或采用机械进行预压。预压后进行整平闷料，保证搅拌后板体的整体性及表层土体的压实度，闷料时间宜在 7 d 以上。闷料时，如遇雨季施工，用塑料薄膜将其铺在表面，要注意排水和雨水影响。

8 施工完成后，用推土机对地基表层土碾压整平，整平后的压实度及平整度应满足设计要求。

7.2.6 常规在施工情况下会采用铺设路基板的形式进行推进，一方面可以起到预压的效果，另一方面也能平整路面。

8　质量检验与验收

8.1　质量检验

8.1.3　强度检测指标目的是经济、便捷地判断固化土的表面承载力，其规定值可根据对固化土表面承载力的设计要求进行换算。其中，不排水抗剪强度或静力触探锥尖阻力的规定值可根据地基承载力要求可按照现行上海市工程建设规范《岩土工程勘察规范》DGJ 08—37 中一般黏性土或砂土地基进行取值；标准贯入击数和动力触探击数规定值可根据地基承载力要求可按照现行行业标准《建筑地基检测技术规范》JGJ 340 中一般黏性土或砂土地基进行取值。